SUKEN NOTEBOOK

チャート式
解法と演習　数学B

完成ノート

【統計的な推測】

本書は，数研出版発行の参考書「チャート式 解法と演習　数学 II＋B」の
数学 B の　第 2 章「統計的な推測」
の例題と PRACTICE の全問を掲載した，書き込み式ノートです。
本書を仕上げていくことで，自然に実力を身につけることができます。

目　次

第2章　　統計的な推測

221201

６．確率分布

基本 例題 50

□ 

(1)　5 枚の硬貨を同時に投げるとき，裏の出る枚数を X とする。このとき，確率変数 X の確率分布を求めよ。また，確率 $P(X \geqq 2)$ を求めよ。

(2) 白玉 7 個と黒玉 3 個が入った袋から，5 個の玉を同時に取り出すとき，出る白玉の個数を X とする。このとき，確率変数 X の確率分布を求めよ。また，確率 $P(3 \leqq X \leqq 4)$ を求めよ。

PRACTICE (基本) **50** (1) 2個のさいころを同時に投げて，出た目の最小値を X とするとき，X の確率分布を求めよ。また，$P(X \leqq 3)$ を求めよ。

(2)　白球が 3 個，赤球が 3 個入った箱がある。1 個のさいころを投げて，偶数の目が出たら球を 3 個，奇数の目が出たら球を 2 個取り出す。取り出した球のうち白球の個数を X とすると，X は確率変数である。X の確率分布を求めよ。また，$P(0 \leqq X \leqq 2)$ を求めよ。

基本 例題 51 □ 

1 から 6 までの番号をつけてある 6 枚のカードがある。この中から 2 枚のカードを同時に引くとき，引いたカードの番号の大きい方を X とする。このとき，確率変数 X の期待値 $E(X)$ を求めよ。

PRACTICE（基本）**51**　袋の中に赤玉 5 個，白玉 3 個，青玉 2 個が入っている。この袋の中から，同時に 3 個の玉を取り出すとき，それに含まれる玉の色の種類の数を X とする。確率変数 X の期待値を求めよ。

基本 例題 52

□ 

1 から 8 までの数字の中から，重複しないように 4 つの数字を無作為に選んだとき，その中の最小の数字を X とする。確率変数 X の期待値 $E(X)$，分散 $V(X)$ および標準偏差 $\sigma(X)$ を求めよ。

PRACTICE (基本) **52**　1 から 10 までの自然数が 1 つずつ書いてある 10 枚のカードの中から 3 枚を任意に抜き出し，カードの数の小さい順に並べたとき，中央のカードの数を X とする。確率変数 X の期待値 $E(X)$，分散 $V(X)$ および標準偏差 $\sigma(X)$ を求めよ。

基本 例題 53 □ 

赤玉 3 個と白玉 2 個の入った袋から，3 個の玉を同時に取り出すとき，3 個のうちの赤玉の個数を X とする。このとき，確率変数 $3X+2$ の期待値 $E(3X+2)$，分散 $V(3X+2)$ を求めよ。

PRACTICE (基本) **53**　袋の中に赤球が 4 個，白球が 6 個入っている。この袋の中から同時に 4 個の球を取り出すとき，赤球の個数を X とする。確率変数 $2X+3$ の期待値 $E(2X+3)$ と分散 $V(2X+3)$ を求めよ。

基本 例題 54

□ 解説動画

確率変数 X の期待値は 3，分散は 4 であり，$Y=aX+b$ で定まる確率変数 Y の期待値が 0，標準偏差が 1 である。定数 a，b の値を求めよ。ただし，$a>0$ とする。

PRACTICE (基本) 54　確率変数 X の期待値は 540，分散は 8100 である。a，b は定数で $a>0$ として，確率変数 $Y=aX+b$ の期待値が 50，標準偏差が 10 になるような a，b の値を求めよ。

重 要 例題 55

□ 解説動画

N を自然数とする。大きさが同じ $(N+1)$ 個の球に，0 から N までの異なった数字をそれぞれ 1 つずつ書き，袋に入れておく。その中から 2 球同時に取り出し，そこに書かれた数字の差を確率変数 X とする試行を考える。このとき，次のものを求めよ。

(1) k を $1 \leqq k \leqq N$ なる自然数とするとき，$X=k$ となる確率 $P(X=k)$

(2) X の平均 $E(X)$

(3) $N=4$ のとき，X の分散 $V(X)$

PRACTICE (重要) **55**　n 枚のカードに，1，2，3，……，n の数字が 1 つずつ記入されている。このカードの中から無作為に 2 枚のカードを抜き取ったとき，カードの数字のうち小さい方を X，大きい方を Y とする。ただし，$n \geqq 2$ とする。

(1)　$X=k$ となる確率を求めよ。ただし，$k=1$，2，3，……，n とする。

(2)　X の期待値を求めよ。

(3) Y の分散を求めよ。

7．確率変数の和と積，二項分布

基 本 例題 56 □ 

袋の中に，1，2，3 の数字を書いた球が，それぞれ 5 個，3 個，2 個の合計 10 個入っている。これらの球をもとに戻さずに 1 個ずつ 2 回取り出すとき，1 回目の球の数字を X，2 回目の球の数字を Y とする。X，Y の同時分布を求めよ。

PRACTICE (基本) **56**　袋の中に白球が 1 個，赤球が 2 個，青球が 3 個入っている。この袋から，もとに戻さずに 1 球ずつ 2 個の球を取り出すとき，取り出された赤球の数を X，取り出された青球の数を Y とする。このとき，X，Y の同時分布を求めよ。

基本 例題 57

□ 解説動画

(1) 1から9までの整数から1つの整数を選ぶとき，それが奇数である事象 A と5以下である事象 B は独立であるか，従属であるか。

(2) 52枚のトランプから1枚を引くとき，それがハートである事象 A とエースである事象 B は独立であるか，従属であるか。

PRACTICE (基本) **57**　1 枚の硬貨を 3 回投げる試行で，1 回目に表が出る事象を E, 少なくとも 2 回表が出る事象を F, 3 回とも同じ面が出る事象を G とする。E と F, E と G はそれぞれ独立か従属かを調べよ。

基本 例題 58 □ 

袋 A の中に赤い玉 3 個，黒い玉 2 個，袋 B の中には白い玉 3 個，緑の玉 2 個が入っている。A から玉を 2 個同時に取り出したときの赤い玉の個数を X，B から玉を 2 個同時に取り出したときの緑の玉の個数を Y とするとき，X，Y は確率変数である。このとき，期待値 $E(X+3Y)$ と $E(XY)$ を求めよ。

PRACTICE (基本) **58**　各面に，-2，-1，0，1，2，2 の数字を記入したさいころと，右の図のように作られた正四面体のさいころを同時に投げるとき，底面の目の数をそれぞれ X，Y とすると，X，Y は確率変数である。このとき，期待値 $E(2X+Y)$，$E(XY)$ を求めよ。

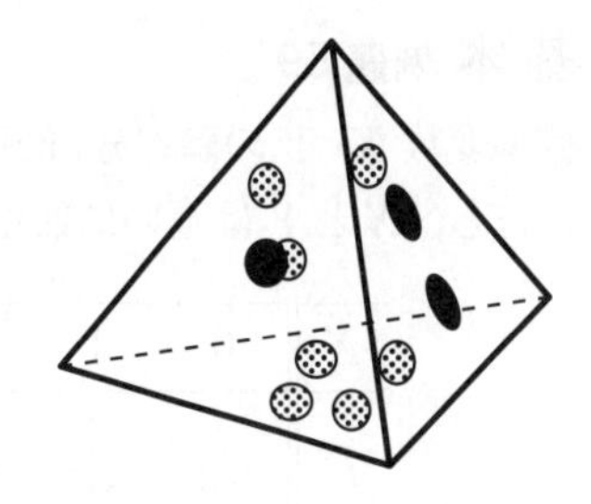

基 本 例題 59

□ 

確率変数 X, Y の確率分布が次の表で与えられているとき，分散 $V(X+2Y)$，$V(5X-Y)$ を求めよ。ただし，X と Y は互いに独立であるとする。

X	0	1	2	計
P	$\frac{7}{12}$	$\frac{4}{12}$	$\frac{1}{12}$	1

Y	0	1	2	計
P	$\frac{1}{4}$	$\frac{2}{4}$	$\frac{1}{4}$	1

PRACTICE (基本) **59**　確率変数 X, Y の確率分布が次の表で与えられているとき，分散 $V(3X+2Y)$, $V(6X-4Y)$ を求めよ。ただし，X と Y は互いに独立であるとする。

X	0	1	2	計
P	$\frac{1}{6}$	$\frac{3}{6}$	$\frac{2}{6}$	1

Y	0	1	2	3	計
P	$\frac{1}{8}$	$\frac{3}{8}$	$\frac{3}{8}$	$\frac{1}{8}$	1

基本 例題 60

□ 

赤玉 3 個，黒玉 6 個が入っている袋から玉を 1 個取り出し，もとに戻す操作を 6 回行い，赤玉の出る回数を X とする。k 回目の試行において赤玉が出ると $X_k=1$，黒玉が出ると $X_k=0$ とする。確率変数 X_k の期待値と分散を求め，それを利用して，X の期待値と分散を求めよ。ただし，$k=1$，2，……，6 とする。

PRACTICE (基本) **60**　1個のさいころを18回投げるとき，出る目の和を X とする。k 回目の試行において出た目を X_k とする。確率変数 X_k の期待値と分散を求め，それを利用して，X の期待値と分散を求めよ。ただし，$k=1, 2, \cdots\cdots, 18$ とする。

基本 例題 61 □ 

1 から 9 までの数字が書かれている 9 枚のカードから 3 枚のカードを抜き出して並べ，3 桁の数を作る。

(1) 各桁の数の和の期待値を求めよ。

(2) 3 桁の数の期待値を求めよ。

PRACTICE (基本) **61**　1 から 9 までの番号を書いた 9 枚のカードがある。この中から，カードを戻さずに，次々と 4 枚のカードを取り出す。こうして得られたカードの番号を，取り出された順に a，b，c，d とする。

(1)　積 $abcd$ が偶数となる確率を求めよ。

(2)　千の位を a，百の位を b，十の位を c，一の位を d とおいて得られる 4 桁の数 N の期待値を求めよ。

基本 例題 62

□ 

赤球が 6 個，白球が 4 個入った袋から 1 球を取り出し，色を調べてからもとに戻す。これを 6 回繰り返して，赤球の出た回数を X とするとき，X の期待値 $E(X)$，分散 $V(X)$，標準偏差 $\sigma(X)$ を求めよ。

PRACTICE (基本) **62** (1) 1枚の硬貨を続けて5回投げるとき，表が出る回数を X とする。X の期待値 $E(X)$ と標準偏差 $\sigma(X)$ を求めよ。また，$P(X=3)$ を求めよ。

(2) 赤球が14個，白球が6個入った袋から1球を取り出し，色を調べてからもとに戻す。これを8回繰り返して，赤球の出た回数を X とするとき，X の期待値 $E(X)$，分散 $V(X)$，標準偏差 $\sigma(X)$ を求めよ。

基本 例題 63

□ 

赤球 a 個，青球 b 個，白球 c 個合わせて 100 個入った袋がある。この袋から無作為に 1 個の球を取り出し，色を調べてからもとに戻す操作を n 回繰り返す。このとき，赤球を取り出した回数を X とする。X の分布の平均が $\frac{16}{5}$，分散が $\frac{64}{25}$ であるとき，袋の中の赤球の個数 a および回数 n の値を求めよ。

PRACTICE（基本）**63**　(1)　平均値が 6，分散が 2 の二項分布に従う確率変数を X とする。$X=k$ となる確率を P_k とおく。$\dfrac{P_4}{P_3}$ の値を求めよ。

(2)　n 個のさいころを同時に投げて，出た 1 の目 1 つに対して 60 円を受け取る。このとき，参加料として 1000 円を支払っても損をしないためには最低何個以上のさいころを投げればよいか。

基本 例題 64

□ 

さいころを投げて 4 以下の目が出たら点 P は数直線上を正の方向に 2 だけ進み，5 以上の目が出たら点 P は負の方向に 1 だけ進むものとする。点 P は，初め原点にあるものとし，さいころを 100 回投げた後の点 P の座標を X とする。X の期待値，分散を求めよ。

PRACTICE (基本) **64**　数直線上で点 P が原点の位置にある。さいころを投げて 5 以上の目が出たら $+2$ だけ進み，4 以下の目が出たら $+1$ だけ進む。さいころを 300 回続けて投げるとき，P の座標 X の期待値と分散を求めよ。

8．正規分布

基本 例題 65

□ 

(1) 確率変数 X の確率密度関数が右の $f(x)$ で与えられているとき，次の確率を求めよ。

$$f(x)=\begin{cases}x+1 & (-1\leqq x\leqq 0)\\ 1-x & (0\leqq x\leqq 1)\end{cases}$$

(ア) $P(0.5\leqq X\leqq 1)$

(イ) $P(-0.5\leqq X\leqq 0.3)$

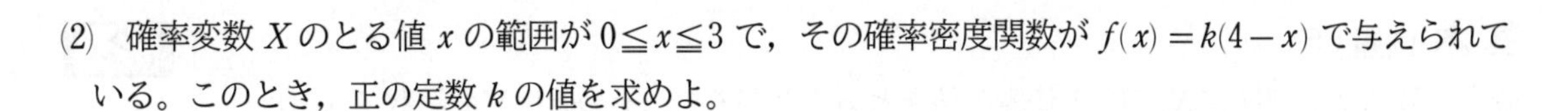

(2) 確率変数 X のとる値 x の範囲が $0 \leqq x \leqq 3$ で，その確率密度関数が $f(x)=k(4-x)$ で与えられている。このとき，正の定数 k の値を求めよ。

PRACTICE (基本) **65** 確率変数 X のとる値 x の範囲が $0 \leqq x \leqq 1$ で，その確率密度関数が $f(x)=a(3-x)$ で与えられている。このとき，正の定数 a の値を求めよ。また，確率 $P(0.3 \leqq X \leqq 0.7)$ を求めよ。

基本 例題 66

□ 

確率変数 X が区間 $0 \leqq X \leqq 10$ の任意の値をとることができ，その確率密度関数 $f(x)$ が

$f(x)=\dfrac{3}{500}x(10-x)$ で与えられている。このとき，次のものを求めよ。

(1) 確率 $P(3 \leqq X \leqq 7)$

(2) 期待値 $E(X)$

(3) 標準偏差 $\sigma(X)$

PRACTICE (基本) **66** (1) 確率変数 X の確率密度関数が右の $f(x)$ で与えられているとき，正の定数 a の値を求めよ。

$$f(x)=\begin{cases} ax(2-x) & (0 \leqq x \leqq 2) \\ 0 & (x<0,\ 2<x) \end{cases}$$

(2) (1) の確率変数 X の期待値および分散を求めよ。

基本 例題 67

□ 解説動画

(1)　確率変数 X が正規分布 $N(m,\ \sigma^2)$ に従うとき，$P(m-\sigma \leqq X \leqq m+\sigma)$ を巻末の正規分布表を用いて求めよ。

(2)　確率変数 X が正規分布 $N(30,\ 4^2)$ に従うとき，次の確率を巻末の正規分布表を用いて求めよ。

(ア)　$P(X \geqq 36)$

(イ)　$P(22 \leqq X \leqq 26)$

PRACTICE（基本）**67**　確率変数 X が正規分布 $N(15,\ 3^2)$ に従うとき，次の確率を求めよ。

(1)　$P(X \leqq 18)$

(2)　$P(6 \leqq X \leqq 21)$

基本 例題 68

□ 

ある高校における男子の身長 X が，平均 170.9 cm，標準偏差 5.4 cm の正規分布に従うものとする。次の問いに答えよ。ただし，小数第 2 位を四捨五入して小数第 1 位まで求めよ。

(1) 身長 175 cm 以上の生徒は約何 % いるか。

(2) 身長の高い方から 4 % の中に入るのは，約何 cm 以上の生徒か。

PRACTICE (基本) **68**　ある製品1万個の長さは平均69 cm，標準偏差0.4 cmの正規分布に従っている。長さが70 cm以上の製品は不良品とされるとき，この1万個の製品の中には何%の不良品が含まれると予想されるか。

基本 例題 69

□ 

1 個のさいころを 360 回投げるとき，6 の目が出る回数を X とする。X が次の範囲の値をとる確率を求めよ。ただし，$\sqrt{2}=1.41$ とする。

(1)　$50 \leqq X \leqq 60$

(2)　$\left| \dfrac{X}{360} - \dfrac{1}{6} \right| \leqq 0.05$

PRACTICE (基本) **69**　さいころを投げて，1，2の目が出たら0点，3，4，5の目が出たら1点，6の目が出たら100点を得点とするゲームを考える。さいころを80回投げたときの合計得点を100で割った余りをXとする。このとき，$X \leqq 46$となる確率を求めよ。ただし，$\sqrt{5}=2.24$とする。

9．母集団と標本

基 本 例題 70

□ 

1，2，3，4，5 の数字が書かれている札が，それぞれ 1 枚，2 枚，3 枚，4 枚，5 枚の計 15 枚ある。これを母集団とし，札の数字を変量 X とするとき，母集団分布，母平均 m，母標準偏差 σ を求めよ。

PRACTICE (基本) **70**　1，2，3 の数字を記入した球が，それぞれ 1 個，4 個，5 個の計 10 個袋の中に入っている。これを母集団として，次の問いに答えよ。

(1)　球に書かれている数字を変量 X としたとき，母集団分布を示せ。

(2)　母平均 m，母標準偏差 σ を求めよ。

基本 例題 71 □ 解説動画

1，1，2，2，3 の数字を記入した 5 枚のカードが袋の中にある。これを母集団とし，無作為に大きさ 2 の標本 X_1，X_2 を復元抽出する。標本平均 $\overline{X}$ の確率分布を求めよ。

PRACTICE（基本）**71**　母集団 $\{0, 2, 2, 4, 4, 4, 6\}$ から，無作為に大きさ 2 の標本 X_1，X_2 を非復元抽出する。標本平均 $\overline{X}$ の確率分布を求めよ。

基本 例題 72

□ 

ある市の有権者の A 政党の支持率は 64 % である。この市の有権者の中から無作為に 100 人を抽出するとき，k 番目に抽出された人が A 政党支持なら 1，不支持なら 0 の値を対応させる確率変数を X_k とする。

(1) 標本平均 $\overline{X}=\dfrac{X_1+X_2+X_3+\cdots\cdots+X_{100}}{100}$ の期待値 $E(\overline{X})$ と標準偏差 $\sigma(\overline{X})$ を求めよ。

(2) 標本平均の標準偏差を 0.03 以下にするためには，抽出される標本の大きさは，少なくとも何人以上必要であるか。

PRACTICE (基本) **72**　A 市の新生児の男子と女子の割合は等しいことがわかっている。ある年において，A 市の新生児の中から無作為に n 人抽出するとき，k 番目に抽出された新生児が男なら 1，女なら 0 の値を対応させる確率変数を X_k とする。

(1)　標本平均 $\overline{X}=\dfrac{X_1+X_2+\cdots\cdots+X_n}{n}$ の期待値 $E(\overline{X})$ を求めよ。

(2)　標本平均 $\overline{X}$ の標準偏差 $\sigma(\overline{X})$ を 0.03 以下にするためには，抽出される標本の大きさは，少なくとも何人以上必要であるか。

基本 例題 73

□ 

体長が平均 50 cm，標準偏差 3 cm の正規分布に従う生物集団があるとする。

(1)　4 個の個体を無作為に取り出したとき，その標本平均が 53 cm 以上となる確率を求めよ。

(2)　16 個の個体を無作為に取り出したとき，その標本平均が 49 cm 以上 51 cm 以下となる確率を求めよ。

PRACTICE (基本) **73**　母平均 120，母標準偏差 30 をもつ母集団から，大きさ 100 の無作為標本を抽出するとき，その標本平均 $\overline{X}$ が 123 より大きい値をとる確率を求めよ。

基本 例題 74

□ 解説動画

(1) 箱の中に製品が多数入っていて，その中に不良品が 5 % 含まれているという。この箱の中から無作為に 50 個の製品を抽出するとき，その中に含まれる不良品の率 R の期待値と標準偏差を求めよ。ただし，$\sqrt{38}=6.164$ とする。

(2) ある地域では，新生児のうち男子の割合が 60 % であることがわかっている。この地域で，ある年に，新生児の中から無作為に 600 人抽出したときの男子の割合を R とする。標本比率 R が 57 % 以上 60 % 以下である確率を求めよ。

PRACTICE (基本) **74**　ある国の有権者の内閣支持率が 40 % であるとき，無作為に抽出した 400 人の有権者の内閣の支持率を R とする。R が 38 % 以上 42 % 以下である確率を求めよ。ただし，$\sqrt{6}=2.45$ とする。

基本 例題 75

□ 

母平均 0，母標準偏差 1 をもつ母集団から抽出した大きさ n の標本の標本平均 $\overline{X}$ が -0.1 以上 0.1 以下である確率 $P(|\overline{X}| \leqq 0.1)$ を，$n=100$，400，900 の各場合について求めよ。

PRACTICE (基本) **75**　母平均 0，母標準偏差 2 をもつ母集団から抽出した大きさ n の標本の標本平均 $\overline{X}$ が -0.15 以上 0.15 以下である確率 $P(|\overline{X}| \leqq 0.15)$ を，$n=100$，400，900 の各場合について求めよ。

１０．推定

基本 例題 76

□ 

大量に生産されたある製品の中から無作為に抽出した 400 個について，重さを量ったら，平均値 1983 g，標本標準偏差 112 g であった。このとき，この製品の母平均 m g に対して，次の信頼区間を求めよ。

(1) 信頼度 95 % の信頼区間

(2) 信頼度 99 % の信頼区間

PRACTICE (基本) **76**　ある地方 A で 15 歳の男子 400 人の身長を測り，平均値 168.4 cm，標準偏差 5.7 cm を得た。A の 15 歳の男子の身長の平均値 m cm に対して，信頼度 95 % の信頼区間を求めよ。

基本 例題 77

□ 解説動画

(1) 大学で合いかぎを作り，そのうちの 400 本を無作為に選び出し調べたところ，8 本が不良品であった。合いかぎ全体に対して不良品の含まれる比率を 95 % の信頼度で推定せよ。

(2) ある意見に対する賛成率は約 60 % と予想されている。この意見に対する賛成率を，信頼度 95 % で信頼区間の幅が 8 % 以下になるように推定したい。何人以上抽出して調べればよいか。

PRACTICE (基本) **77**　さいころを投げて，1 の目が出る確率を信頼度 95 % で推定したい。信頼区間の幅を 0.1 以下にするには，さいころを何回以上投げればよいか。

１１．仮説検定

基本 例題 78

□ 

ある 1 個のさいころを 720 回投げたところ，6 の目が 90 回出た。このさいころは，6 の目が出る確率が $\frac{1}{6}$ ではないと判断してよいか。有意水準 5 % で検定せよ。

PRACTICE (基本) **78**　大学 A では，全学生の 64 % が事柄 X について賛成した。別の大学 B では，無作為抽出した 400 人のうち，274 人の学生が X に賛成した。B の学生の X に対する賛成の割合は，A の学生の賛成の割合と差異があるといえるか。有意水準 5 % で検定せよ。

基 本 例題 79

□ 

少年サッカーチーム A, B のこれまでの対戦成績は，A の 40 勝 24 敗であった。A は B より強いと判断してよいか。

(1) 有意水準 5 % で検定せよ。

(2) 有意水準 1 % で検定せよ。

PRACTICE (基本) **79**　ある選挙の投票所で出口調査を行ったとする。無作為抽出した 150 人のうち，候補者 A に投票したのは 47 人であった。この選挙における A の得票率は 40 % より小さいと判断してよいか。

(1)　有意水準 5 % で検定せよ。

(2)　有意水準 1 % で検定せよ。

基 本 例題 80 □ 

内容量 100 g と表示されている大量のスナック菓子から 400 袋を無作為抽出し，内容量を調べたところ，平均値が 97.4 g であった。母標準偏差が 32 g であるとき，この製品全体における 1 袋あたりの内容量が表示通りでないと判断してよいか。有意水準 5 % で検定せよ。

PRACTICE (基本) **80**　ある大学において，昨年度の男子大学生全体の身長の平均値は 170 cm であった。今年度の男子学生の中から無作為に 100 人選んで身長を調べたところ，平均値が 168 cm，標準偏差は 7.5 cm であった。このことから，今年度の男子学生の身長の平均値は，昨年度に比べて変わったといえるか，5 % の有意水準 (危険率) で検定せよ。

正規分布表

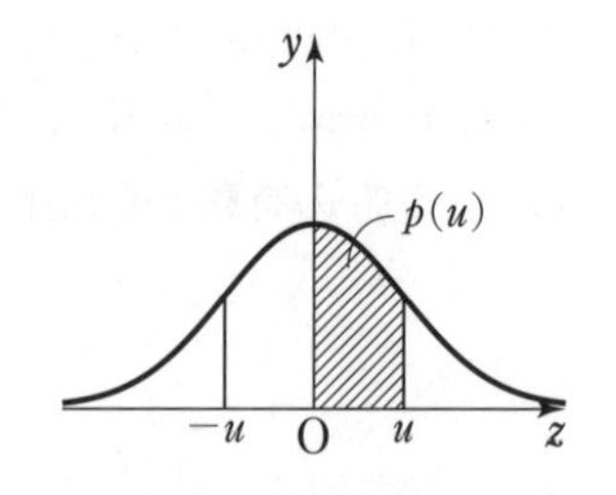

u	.00	.01	.02	.03	.04	.05	.06	.07	.08	.09
0.0	0.0000	0.0040	0.0080	0.0120	0.0160	0.0199	0.0239	0.0279	0.0319	0.0359
0.1	0.0398	0.0438	0.0478	0.0517	0.0557	0.0596	0.0636	0.0675	0.0714	0.0753
0.2	0.0793	0.0832	0.0871	0.0910	0.0948	0.0987	0.1026	0.1064	0.1103	0.1141
0.3	0.1179	0.1217	0.1255	0.1293	0.1331	0.1368	0.1406	0.1443	0.1480	0.1517
0.4	0.1554	0.1591	0.1628	0.1664	0.1700	0.1736	0.1772	0.1808	0.1844	0.1879
0.5	0.1915	0.1950	0.1985	0.2019	0.2054	0.2088	0.2123	0.2157	0.2190	0.2224
0.6	0.2257	0.2291	0.2324	0.2357	0.2389	0.2422	0.2454	0.2486	0.2517	0.2549
0.7	0.2580	0.2611	0.2642	0.2673	0.2704	0.2734	0.2764	0.2794	0.2823	0.2852
0.8	0.2881	0.2910	0.2939	0.2967	0.2995	0.3023	0.3051	0.3078	0.3106	0.3133
0.9	0.3159	0.3186	0.3212	0.3238	0.3264	0.3289	0.3315	0.3340	0.3365	0.3389
1.0	0.3413	0.3438	0.3461	0.3485	0.3508	0.3531	0.3554	0.3577	0.3599	0.3621
1.1	0.3643	0.3665	0.3686	0.3708	0.3729	0.3749	0.3770	0.3790	0.3810	0.3830
1.2	0.3849	0.3869	0.3888	0.3907	0.3925	0.3944	0.3962	0.3980	0.3997	0.4015
1.3	0.4032	0.4049	0.4066	0.4082	0.4099	0.4115	0.4131	0.4147	0.4162	0.4177
1.4	0.4192	0.4207	0.4222	0.4236	0.4251	0.4265	0.4279	0.4292	0.4306	0.4319
1.5	0.4332	0.4345	0.4357	0.4370	0.4382	0.4394	0.4406	0.4418	0.4429	0.4441
1.6	0.4452	0.4463	0.4474	0.4484	0.4495	0.4505	0.4515	0.4525	0.4535	0.4545
1.7	0.4554	0.4564	0.4573	0.4582	0.4591	0.4599	0.4608	0.4616	0.4625	0.4633
1.8	0.4641	0.4649	0.4656	0.4664	0.4671	0.4678	0.4686	0.4693	0.4699	0.4706
1.9	0.4713	0.4719	0.4726	0.4732	0.4738	0.4744	0.4750	0.4756	0.4761	0.4767
2.0	0.4772	0.4778	0.4783	0.4788	0.4793	0.4798	0.4803	0.4808	0.4812	0.4817
2.1	0.4821	0.4826	0.4830	0.4834	0.4838	0.4842	0.4846	0.4850	0.4854	0.4857
2.2	0.4861	0.4864	0.4868	0.4871	0.4875	0.4878	0.4881	0.4884	0.4887	0.4890
2.3	0.4893	0.4896	0.4898	0.4901	0.4904	0.4906	0.4909	0.4911	0.4913	0.4916
2.4	0.4918	0.4920	0.4922	0.4925	0.4927	0.4929	0.4931	0.4932	0.4934	0.4936
2.5	0.4938	0.4940	0.4941	0.4943	0.4945	0.4946	0.4948	0.4949	0.4951	0.4952
2.6	0.49534	0.49547	0.49560	0.49573	0.49585	0.49598	0.49609	0.49621	0.49632	0.49643
2.7	0.49653	0.49664	0.49674	0.49683	0.49693	0.49702	0.49711	0.49720	0.49728	0.49736
2.8	0.49744	0.49752	0.49760	0.49767	0.49774	0.49781	0.49788	0.49795	0.49801	0.49807
2.9	0.49813	0.49819	0.49825	0.49831	0.49836	0.49841	0.49846	0.49851	0.49856	0.49861
3.0	0.49865	0.49869	0.49874	0.49878	0.49882	0.49886	0.49889	0.49893	0.49897	0.49900